Mis primeros libros de ciencia

Un libro de El Semillero de Crabtree

LA CADENA ALIMENTICIA DE UN DESIERTO

Alan Walker
y Pablo de la Vega

Crabtree Publishing
crabtreebooks.com

El **hábitat** del desierto tiene muy poca agua.

Aun así, muchas plantas y animales viven en él.

La liebres norteamericanas se alimentan de plantas del desierto.

Las liebres norteamericanas son **herbívoras**.

Las liebres norteamericanas son una comida deliciosa para las serpientes de cascabel y otros animales **carnívoros**.

Los coyotes merodean por el desierto. Comen plantas, insectos, liebres y serpientes.

Los coyotes son **omnívoros**.

Los buitres limpian los hábitats. Comen **carroña**.

Los buitres son **carroñeros**.

Esta es la cadena alimenticia de un desierto.

Hay más de una cadena alimenticia en el desierto.

Lee acerca de otros animales del desierto. Dibuja una cadena alimenticia diferente.

omnívoro

carroñero

Glosario

carnívoros: Los animales carnívoros comen únicamente a otros animales.

carroña: La carroña es la carne podrida de un animal muerto.

carroñeros: Los carroñeros son animales que comen carroña.

hábitat: Un hábitat es un lugar en el que una planta o animal viven naturalmente.

herbívoros: Los herbívoros son animales que sólo comen plantas.

omnívoros: Los omnívoros son animales que comen plantas y otros animales.

Índice analítico

Apoyos de la escuela a los hogares para cuidadores y maestros

Los libros de El Semillero de Crabtree ayudan a los niños a crecer al permitirles practicar la lectura. Las siguientes son algunas preguntas de guía que ayudan a los lectores a construir sus habilidades de comprensión. Algunas posibles respuestas están incluidas.

Antes de leer:

- **¿De qué piensas que tratará este libro?** Pienso que este libro es sobre la cadena alimenticia del desierto. Quizá nos enseñará acerca de los animales que forman parte de la cadena alimenticia.
- **¿Qué quiero aprender sobre este tema?** Me pregunto qué animales forman parte de la cadena alimenticia de un desierto. En la tapa veo las imágenes de cuatro animales.

Durante la lectura:

- **Me pregunto por qué...** Me pregunto por qué los animales viven en el desierto, donde hay muy poca agua.
- **¿Qué he aprendido hasta ahora?** Aprendí que las liebres norteamericanas, las serpientes de cascabel, los coyotes y los buitres son parte de la cadena alimenticia del desierto.

Después de leer:

- **¿Qué detalles aprendí de este tema?** Aprendí que las plantas forman el inicio de la cadena alimenticia del desierto.
- **Lee el libro de nuevo y busca las palabras del vocabulario.** Veo la palabra ***omnívoros*** en la página 14 y la palabra ***carroña*** en la página 17. Las demás palabras del vocabulario están en las páginas 22 y 23.

Crabtree Publishing

crabtreebooks.com 800-387-7650

Print book version produced jointly with Blue Door Education in 2022

Hardcover	978-1-4271-3209-3
Paperback	978-1-4271-3220-8
Ebook (pdf)	978-1-4271-3231-4
Epub	978-1-4271-4682-3
Read-along	978-1-4271-3582-7
Audio book	978-1-4271-4681-6

Printed in Canada/092023/CPC20230912

Library and Archives Canada Cataloguing in Publication
Title: La cadena alimenticia de un desierto / Alan Walker y Pablo de la Vega.
Other titles: Food chain in a desert. Spanish
Names: Walker, Alan, 1963- author. | Vega, Pablo de la, translator.
Description: Series statement: Mis primeros libros de ciencia | Translation of: Food chain in a desert. | Translated by Pablo de la Vega. | "Un libro de el semillero de Crabtree". | Includes index. | Text in Spanish.
Identifiers: Canadiana (print) 20210101687 | Canadiana (ebook) 20210101695 | ISBN 9781427132093 (hardcover) | ISBN 9781427132208 (softcover) | ISBN 9781427132314 (HTML) | ISBN 9781427135827 (read-along ebook)
Subjects: LCSH: Desert ecology—Juvenile literature. | LCSH: Food chains (Ecology)—Juvenile literature.
Classification: LCC QH541.5.D4 W3518 2021 | DDC j577.54/16—dc23

Published in Canada	Published in the United States
Crabtree Publishing	Crabtree Publishing
616 Welland Avenue	347 Fifth Avenue
St. Catharines, Ontario	Suite 1402-145
L2M 5V6	New York, NY 10016

Author: Alan Walker
Translation and adaptation into Spanish: Pablo de la Vega
Edition in Spanish: Base Tres

Photo credits: Cover page 2-3 © Ste Lane; page 4-5 © kojihirano.; page 6-7 © yhelfman; page 8-9 © By Rachel Portwood; page 10-11 © Riegsecker; page 12-13 and page 14-15 © Martin Froyda; page 16-17 © Maria Jeffs; page 18-19 © Vladislav T. Jirousek; page 20-21 plants © NoPainNoGain, hare © Anna Filippenok, snake © GoodStudio, coyote © Panaiotidi, vulture © Svetlana Foote, notebook icon © Pro Symbols; All photos and illustrations from Shutterstock.com

Library of Congress Cataloging-in-Publication Data
Names: Walker, Alan, 1963- author.
Title: La cadena alimenticia de un desierto / Alan Walker y Pablo de la Vega.
Other titles: Food chain in a desert. Spanish
Description: New York : Crabtree Publishing, 2021. | Series: Mis primeros libros de ciencia - un libro de el semillero de Crabtree | Includes index. | Audience: Ages 5-7 | Audience: Grades K-1 | Summary: "An ecosystem is a community of living and non-living things connected to one another where they live. Desert ecosystems have very little water, but they are home to many plants and animals. Young children are introduced to one desert food chain and are encouraged to learn more and draw a food chain of their own"-- Provided by publisher.
Identifiers: LCCN 2020058022 (print) | LCCN 2020058023 (ebook) | ISBN 9781427132093 (hardcover) | ISBN 9781427132208 (paperback) | ISBN 9781427132314 (ebook) | ISBN 9781427135827 (epub)
Subjects: LCSH: Forest ecology--Juvenile literature. | Food chains (Ecology)--Juvenile literature.
Classification: LCC QH541.5.D4 W3518 2021 (print) | LCC QH541.5.D4 (ebook) | DDC 577.54--dc23
LC record available at https://lccn.loc.gov/2020058022
LC ebook record available at https://lccn.loc.gov/2020058023